冒险岛 数学奇遇记 49

概率里的陷阱

〔韩〕宋道树／著　〔韩〕徐正银／绘　李学权　王　佳　李享妍／译

台海出版社

图书在版编目（CIP）数据

冒险岛数学奇遇记. 49, 概率里的陷阱 /（韩）宋道树,（韩）徐正银著；李学权, 王佳, 李享妍译. -- 北京：台海出版社, 2019.10（2021.8重印）

ISBN 978-7-5168-2445-0

Ⅰ.①冒… Ⅱ.①韩… ②韩… ③李… ④王… ⑤李… Ⅲ.①数学－少儿读物 Ⅳ.①O1-49

中国版本图书馆CIP数据核字(2019)第216262号

版权登记号：01-2019-5229

冒险岛数学奇遇记 49　MAOXIANDAO SHUXUE QIYUJI 49

著　　者：〔韩〕宋道树　　绘　　者：〔韩〕徐正银
译　　者：李学权　王　佳　李享妍

出版策划：双螺旋童书馆
责任编辑：武　波　　装帧设计：北京颂煜图文
特约编辑：唐　浒　耿晓琴　宋卓颖　　责任印制：蔡　旭

出版发行：台海出版社
地　　址：北京市东城区景山东街20号　邮政编码：100009
电　　话：010-64041652（发行，邮购）
传　　真：010-84045799（总编室）
网　　址：www.taimeng.org.cn/thcbs/default.htm
E-mail：thcbs@126.com

经　　销：全国各地新华书店
印　　刷：天津长荣云印刷科技有限公司
本书如有破损、缺页、装订错误，请与本社联系调换

开　　本：710mm × 960mm　1/16
字　　数：152千字　　印　　张：10.25
版　　次：2019年12月第1版　　印　　次：2021年8月第4次印刷
书　　号：ISBN 978-7-5168-2445-0

定　　价：29.80元

前言

重新出发的《冒险岛数学奇遇记》第十辑，希望通过创造篇进一步提高创造性思维能力和数学论述能力。

我们收到很多明信片，告诉我们韩国首创数学论述型漫画《冒险岛数学奇遇记》让原本困难的数学变得简单、有趣。

1~30 册的**基础篇**综合了小学、中学数学课程，分类出 7 个领域，让孩子真正理解**“数和运算”“图形”“测量”“概率和统计”“规律”“文字和式子”“函数”**，并以此为基础形成**“概念理解能力”“数理计算能力”“原理应用能力”**。

31~45 册的深化篇将内容范围扩展到中学课程，安排了生活中隐藏的数学概念和原理，以及数学历史中出现的深化内容。此外，还详细描写了可以培养“原理应用能力”，解决复杂、难解问题的方法。当然也包括一部分与“创造性思维能力”和“沟通能力”相关的内容。

从第 46 册的**创造篇**起，《冒险岛数学奇遇记》以强化**“创造性思维能力”**和巩固**“数理论述”**基础为主要内容。创造性思维能力，是指根据某种需要，针对要求事项和给出的问题，具有创造性地、有效地找出解决问题方法的能力。

创造性思维能力由坚实的概念理解能力、准确且快速的数理计算能力、多元的原理应用能力及与其相关的知识、信息及附加经验组成。主动挑战的决心和好奇心越强，成功时的愉悦感和自信感就越大。尤其是经常记笔记的习惯和整理知识、信息、经验的习惯，如果它们在日常生活中根深蒂固，那么，孩子们的创造性就自动产生了。

创造性思维能力无法用客观性问题测定，只能用可以看到解题过程的叙述型问题测定。数理论述是针对各种领域和水平（年级）的问题，利用理论结合**“创造性思维能力”**和**“问题解决方法”**解决问题。

尤其在展开数理论述的过程中，包括批判性思维在内的沟通能力是绝对重要的角色。我们通过创造篇巩固一下数理论述的基础吧。

来，让我们充满愉悦和自信地创造世界看看吧！

出场人物

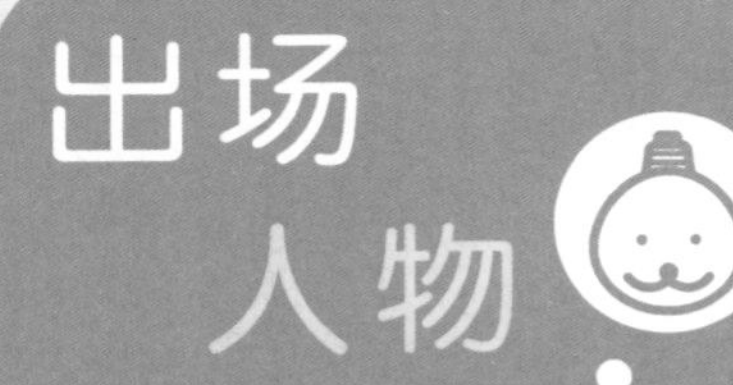

哆哆

利安姐弟的坚实后盾。与原本生活在螺旋帝国的胆小鬼哆哆完全不同，是不折不扣的正义化身。

默西迪丝

为守护弟弟和家族而不懈努力的利安家族的长女。无法原谅对父亲利安侯爵做出不利指证的事情。

前情回顾

哆哆被戴斯派拉缇欧巫术流放到另一个平行世界——螺旋帝国。在那里，他被大家误认为那个世界的“胆小鬼哆哆”。回到现实世界的唯一方法就是让利安家族的小姐弟陷入危险，然后把赏金拿给魔法师！但是，正义的哆哆反而救了利安姐弟，并与他们一起思考击败俄尔塞伦家族的办法……

阿兰

在哆哆的帮助下逐渐变成帅气的利安家族长子。无比清楚为挽救家族自己要做出何种行动。

坦克特

负责管理利安家族财产的古董商店老板。一点儿都不希望阿兰和默西迪丝回来。

俄尔塞伦公爵

皇后的哥哥，负责螺旋帝国的所有重要职责，是拥有绝对权利的总司令官。野心比皇后大。

皇后

为了帝位而不择手段，没有人情味儿。与俄尔塞伦公爵是双胞胎兄妹。

宝尔

曾经是利安侯爵的警卫队队长，是最有正义感的人。虽然很心痛，不过，还是想不理睬利安姐弟。

目录

花盆的秘密

一闪
一闪
一闪

哇

多久没回来了？
3 年。
真是富丽堂皇啊！

！
姐姐。
呜
呜

呜呜 呜呜

咕噜噜噜
!

孩子们，吃完饭再哭好不好？

告诉你姐姐，我就知道吃！
你问问那个人，脑子里除了吃还有别的吗！

连接两点的直线只有一条。

*火中取栗：比喻受人利用，冒险出力却一无所得。

正确答案 ○

你们为什么要把财产交给别人管理呢？
猛然

这孩子，到现在还没反应过来！
如果你怀疑坦克特叔叔，那就多虑了。

那是你爸爸在世的时候！你爸爸现在已经去世了，你以为他还是你叔叔吗？
阿兰，你告诉那个人！

这个世界不全都是你这种垃圾！
怒视

阿兰，告诉你姐姐！这个世界上不全都是你这种傻瓜！

贵族小屋北部的城市“安格”
哗啦啦啦

古董商店

*傻乎乎：傻呵呵。形容糊涂不懂事或老实的样子。

出
现

坦克特叔叔！

孩子们，原来
你们还活着！

紧紧地

那个少年是谁？
这个哥哥救了我们。

不知道该怎么感谢你，这种恩情来日定当相报。
有必要来日吗？

现在马上把利安家族的财产还回来就行了！
嘻嘻

哆哆的判断题

两点之间直线距离最短。

谢谢你帮我们管理了这么久，现在开始我们自己管理。

怒视

什么财产？

我爸爸不是把我们家的财产交给坦克特叔叔管理了吗？
说什么呢。

你有证据吗？
哼

爸爸让你管理我们家的财产时，我就在身边呢！

正确答案 ○

哐

你有没有委托管理财产一类的文书？

不是你自己说的，没必要写那些东西吗？

嘻嘻
那就是没有证据了。

你们走吧，我要关店了！

叛徒*！我要报仇！
咬牙
切齿

真可笑，你想怎么报仇？
呵呵

*叛徒：有背叛行为的人。

难道你要报警吗？那样做好像不行啊，你们现在得藏起来，不能出现！
嘻嘻

坏蛋！
嗖

念在与你们父亲的旧情，我就当没见过你们，所以……

嗒

忍住，阿兰！
嘀嗒

分母和分子可以用整数表示的分数叫（　　）。

无语
咔
嗤

左顾右盼

你们还坐着吗？
不困吗？

睡不着。

你们肯定累了，
怎么会睡不着？

我们现在身无分文，不能买武器，也不能雇佣士兵，给爸爸报仇的希望变成泡沫了。
呜呜

什么泡沫啊？着
什么急。
一下子

左顾右盼

这个花盆是
谁做的？
嗖

是姐姐上小学时
的美术作业。

嘻
嘻
嘻
用脚趾头做的
都比这个好！

阿兰，你告诉那
个人，问他是不
是不想活了！

左顾右盼
嗒

花盆怎么了？

某自然数的约数是质数，这个约数是自然数的（ ）。

几天后
古董商店
我告诉过你，不要再出现在我面前吧！
垂头丧气

上次是我们失礼了，对不起。

说重点。

我想跟您借点儿钱。
!

我不会白借的。
翻找

嗖
我把这个给你。

这是什么？
这是我们家里最宝贵的宝物！

DDDDDD

开什么玩笑？这不就是小学生的美术作业吗，像个破烂儿*一样。

不是！我爸爸曾经说过。

*破烂儿：破烂的东西、废品。

没有比这个更宝贵的宝物了。

真的吗？
真的！

呜
呜
本来我爸爸不让我给任何人看的。可是，我们身无分文，只好拿出来了。

呜呜
我太饿了。

难道是利安侯爵背着我，偷偷留给这孩子的宝物？

我给你 10 元，怎么样？
豁然
好！

马上滚！
嗖

我得去买面包和香肠！
嗒嗒嗒

如果让大家知道阿兰进出我家，我也会被当成叛逆者的。要不我就去揭发吧？

不！那样别人就知道我吞了利安家族的财产了，还是装作不知道吧。
摇头
摇头

怎么看都不像宝物。

先放着吧。
嗒

几天后
古董商店

当啷
欢迎光临！

惊

循环小数的特征

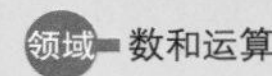
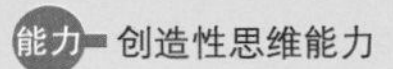

领域 数和运算　　能力 创造性思维能力

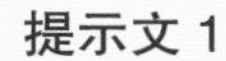

提示文 1

：用小数点表示的数字叫小数。一个大于 1 的自然数，除了 1 和它自身外不再有其他因数的数叫质数（prime number），哆哆啊，你学过自然数里的质数吧？

：有，我在学校里学过，“大于 1 的自然数中，约数只有 1 和数字本身的自然数叫质数”。另外，有三个以上约数的自然数叫合数（composite number）。

：你说得很对！也可以用更简单的表达方式说“只有两个约数的自然数一定是质数”。当然，自然数 1 和合数不是质数。那么，分数$\frac{1}{N}$中的 N 等于多少的时候，它是有限小数，你们知道吗？这次默西迪丝说吧。

：把 N 质因数分解时，让它的约数只有 2 和 5 两种质数，即，$N=2^m\times5^n$ 时，$\frac{1}{N}$是有限小数。在相反的情况下，小数点后按一定顺序排列（循环节）的无限小数叫循环小数（repeating decimal）。

：回答得非常好。如果分母 N 等于 $2^m\times5^m$，那么，$\frac{1}{N}$的分母和分子乘以 2 的乘方和 5 的乘方后，变成$\frac{（自然数）}{（10的乘方）}$，所以，$\frac{1}{N}$当然就是有限小数了。

论点1 使用计算器计算分母是质数的单位分数$\frac{1}{2}$，$\frac{1}{3}$，$\frac{1}{5}$，$\frac{1}{7}$，$\frac{1}{11}$，$\frac{1}{13}$。
请用 0.77……$=0.\dot{7}$ 和 0.1212……$=0.\dot{1}\dot{2}$ 这种样式表示循环小数。

〈解答〉$\frac{1}{2}=0.5$，$\frac{1}{3}=0.\dot{3}$，$\frac{1}{5}=0.2$，$\frac{1}{7}=0.14285714285714\cdots\cdots=0.\dot{1}4285\dot{7}$，
$\frac{1}{11}=0.090909\cdots\cdots=0.\dot{0}\dot{9}$，$\frac{1}{13}=0.076923076923076\cdots\cdots=0.\dot{0}7692\dot{3}$

论点2 请用计算器计算$\frac{3}{9}$，$\frac{5}{9}$，$\frac{12}{99}$，$\frac{4}{99}$，$\frac{123}{999}$，$\frac{78}{999}$，$\frac{1234}{9999}$，$\frac{67}{9999}$，$\frac{12345}{99999}$，$\frac{67}{99999}$，$\frac{142857}{999999}$，$\frac{76923}{999999}$，并用循环小数表示。

〈解答〉$\frac{3}{9}=0.\dot{3}$，$\frac{5}{9}=0.\dot{5}$，$\frac{12}{99}=0.\dot{1}\dot{2}$，$\frac{4}{99}=0.\dot{0}\dot{4}$，$\frac{123}{999}=0.\dot{1}\dot{2}\dot{3}$，$\frac{78}{999}=0.\dot{0}7\dot{8}$，
$\frac{1234}{9999}=0.\dot{1}23\dot{4}$，$\frac{67}{9999}=0.\dot{0}06\dot{7}$，$\frac{12345}{99999}=0.\dot{1}234\dot{5}$，$\frac{67}{99999}=0.\dot{0}006\dot{7}$，
$\frac{142857}{999999}=0.\dot{1}4285\dot{7}$，$\frac{76923}{999999}=0.\dot{0}7692\dot{3}$。

论题1 请说明用分数表示下列循环小数的方法。

（1）$0.\dot{4}5\dot{6}$ （2）$0.7\dot{9}4\dot{5}$

〈解答〉（1）就像我们在 论点2 中知道的，可以按照循环节长度求分数，如按照分母循环节长度写出含有 9 的 999，按分子循环节长度写出 456。即，$\frac{456}{999}$。这个原理可以利用下列方法证明。如果 $A=0.\dot{4}5\dot{6}=0.456456\cdots\cdots$，那么，

$$\begin{array}{rl} 1000\times A= & 456.456456\cdots\cdots \\ -\quad A= & 0.456456\cdots\cdots \\ \hline 999\times A= & 456 \end{array} \Rightarrow A=\frac{456}{999}=\frac{152}{333}。$$

（2）如果 $0.7\dot{9}4\dot{5}=A$，那么，

$$\begin{array}{rl} 10000\times A= & 7945.945945\cdots\cdots \\ -\quad 10\times A= & 7.945945\cdots\cdots \\ \hline 9990\times A= & 7945-7 \end{array} \Rightarrow A=\frac{7945-7}{9990}=\frac{7938}{9990}=\frac{2\times3^4\times7^2}{2\times5\times3^3\times37}=\frac{147}{185}$$

〈参考〉 99……9（m 个 9）=9×11……1（m 个 1）的质因数分解结果是，$9=3^2$，$99=3^2\times11$，$999=3^2\times11\times101$，$99999=3^2\times41\times271$，$999999=3^3\times7\times11\times13\times37$，$9999999=3^2\times239\times4649$ 等。

提示文 2

接下来讲的对我们来说有些难，我们一起了解当 p 是质数时，$\frac{1}{p}$的循环节（repetend）长度，即循环周期（period）。

$\frac{1}{p}$的循环周期跟随质数 p 的变化而变化。如果$\frac{1}{p}$循环周期是（p–1），那么，p 叫全循环质数（full reptend prime）。因为$\frac{1}{7}=0.\dot{1}4285\dot{7}$ 的循环周期是 7–1=6，所以，7 是全循环质数。7，17，19，23，29，47，59，61，97 是 100 以内的全循环质数。

也就是说，$\frac{1}{97}$的循环节长度有 96 个字！

当 p 是全循环质数时，$\frac{1}{p}$，$\frac{2}{p}$，……，$\frac{p-1}{p}$的循环节是按照（p–1）个数固定排列的。

论点3 $\frac{1}{7}=0.\dot{1}4285\dot{7}$ 的循环节是 142857，如果其他分数的循环节分别是 142857 的 2 倍、3 倍、……、6 倍时，得到的分数是$\frac{2}{7}$，$\frac{3}{7}$，……，$\frac{6}{7}$。请用计算器证明这个结果。

〈解答〉142857 的 2 倍、3 倍、……6 倍的结果是 285714，428571，571428，714285，857142。数字排列首尾相接，我们可以知道排列数字的顺序不变，还可以知道 142857×7=999999。所以，$\frac{1}{7}=0.\dot{1}4285\dot{7}$，$\frac{2}{7}=0.\dot{2}8571\dot{4}$，$\frac{3}{7}=0.\dot{4}2857\dot{1}$，$\frac{4}{7}=0.\dot{5}7142\dot{8}$，$\frac{5}{7}=0.\dot{7}1428\dot{5}$，$\frac{6}{7}=0.\dot{8}5714\dot{2}$，$\frac{7}{7}=0.\dot{9}9999\dot{9}=1$。

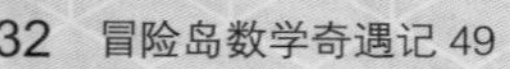

110
10万元

出现

好像很有钱的
样子?
嘻嘻

有什么可以帮助
您的吗，贵客?

*金矿：富含金子的矿山。

我本来去开发金矿*的，
不过，看还有很多时间，
就来逛逛，看看有没有
看得上眼的东西。
金矿？！

13 是质数，$\frac{9}{13}$的循环节长度是 9。

正确答案 ×

*试探：了解别人的内心想法。

既然你知道喵喵花盆的价值，那就没办法了。

100 元够了吧？
翻找

嗖
!

现在它是我的了！

没有“兔唇花盆”吗？

可是……

嘟嘟的判断题 0.999……=$0.\dot{9}$=1。

我给你10万！

咯噔
咯噔

咬牙
切齿
他们有喵喵花盆，一定也有兔唇花盆。

10万元！

咚
咚
咚

怒视
你来我们家干什么？

真遗憾，我不能来吗？

左顾右盼

出现

我上次是不是过分了？那天我心情不太好。

冷冰冰

对了，上次那个喵喵花盆……

我越看越喜欢，不过，只有一个总觉得缺点儿什么。
那边的花盆也卖给我吧？

猛然
兔唇花盆不能卖！

我给你们 3 块钱，
不，5 块钱！

嗖

哎，不管了！给
你们10元，不能
再多了！

惊讶

就是这样，看来
要成功了！
嘻
嘻
嘀嘀
咕咕

嘀咕
姐姐，10 块钱可
以买几天的食物
了，我们卖吧！

*追悼辞：为怀念死去的人说出的话。

循环小数的循环节出现的数字的数量是循环节的长度，简单地说，叫作（　　）。

咯噔
咯噔

找到兔唇花盆了吗？
还……还没有。

你在磨蹭什么？
啪

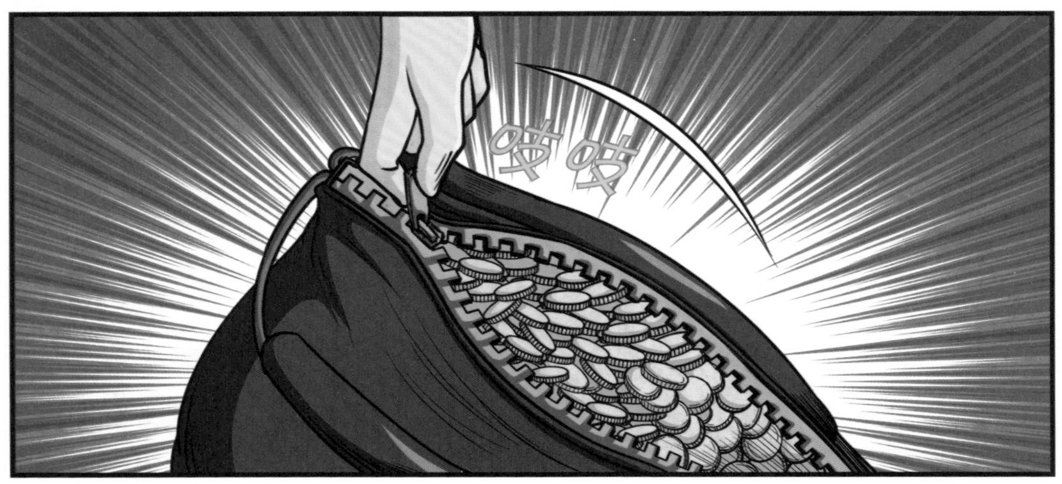
吱吱

惊讶

明天早上我就走了，如果我走之前还找不到兔唇花盆……

那就当没有过这次交易吧！

咯噔
咯噔

咬牙
切齿
那可是 10 万元啊！

嗖

咚

嘻
嘻
怎么这么重?

怎么不放轻点
儿的东西!

哼

咯噔
咯噔

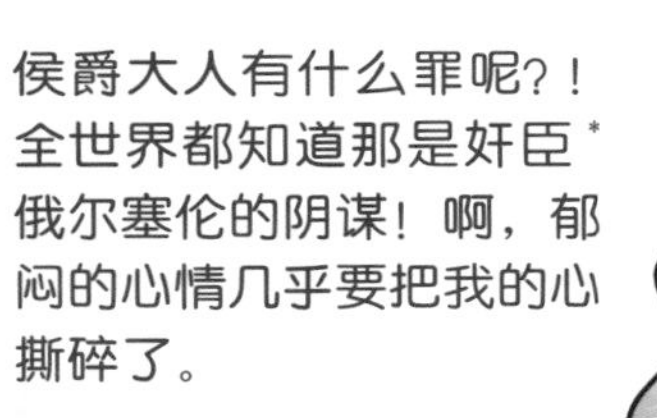

*奸臣：为了自己的利益使坏的臣子。

谢谢，我们知道叔叔是真心的了。
幸好。

这是兔唇花盆！
嗖

嗒
嗒

嗖

嗒

呼啦啦

古董商店

咯噔
咯噔

你来啦，顾客。我已经准备好东西了。

用更简单的方法表示 $0.4\dot{9}\dot{4}$ 是（　　）。

正确答案 0.4̇9̇

我，我昨天明明把它烧了。

你全神贯注地看花盆的时候，被我换了！

哇
嗖

你们居然敢骗我？
哆哆
嗦嗦

那不是叔叔应该说的话，是谁先骗谁的？

如果我把这个交给警察，会大事不好吧？

如……如果警察开始搜查，你们也跑不了！

从爸爸去世那天起，我们姐弟就已经想明白了。我们什么都不怕！
火辣辣

姐姐，我们把追悼辞送到警察局吧！
好，阿兰！
嗖
等……等一下！

你们想要什么？
大汗

一闪
一闪
一闪

哇

花了一整天终于成功了！

哆哆哥哥，
谢谢你！
我也有一点儿
感谢。
等一下！

等一会儿再
道谢，在此
之前……

我有件事情要跟
默西迪丝算账！
哐

2 最小长度（2）

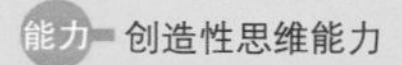

提示语 1

：孩子们，我们在《冒险岛数学奇遇记》48 册第 82 页学过直六面体，你们还记得利用直六面体的展开图计算最小路径的方法吗？这次，我们要求出“直圆锥”表面两点之间的最短路径和其长度。默西迪丝，你听过“直圆锥”吗？

：没有！但是我听说过“圆锥”。圆锥就是装冰激凌的圆形锥，英文叫“cone”。

：准确地说，平面上一个圆以及它的所有切线和平面外的一个定点确定的平面围成的形体叫作圆锥。如图 1 所示，顶点 V 到底面的直线是底面的中心 O，符合这种条件的叫作直圆锥。如果不符合这种条件，就叫作斜圆锥。如果没有特殊强调，圆锥就是指直圆锥。直圆锥属于回转体，什么图形旋转后可以变成直圆锥？阿兰，你来回答。

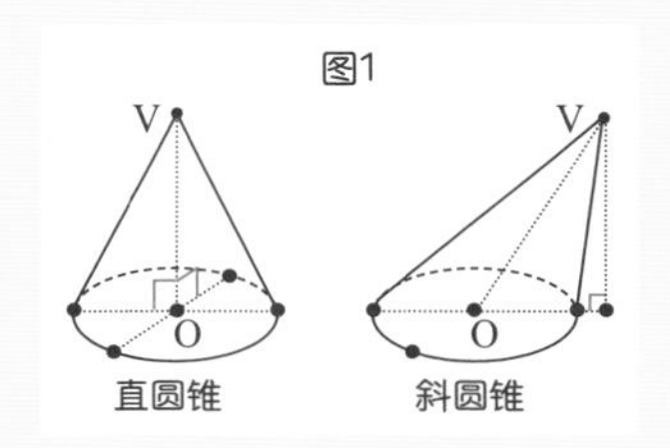

：观察图 1 中的直圆锥，把直角三角形的高 VO 看作回转轴，让它以回转轴回转就能变成直圆锥。

：阿兰的观察能力很强啊！不过，关于圆锥，我们还需要了解一些其他知识。虽然展开球的表面只能得到曲面，展开直圆锥的侧面是曲面，展开后却可以得到扇形平面。大家不要忘记，扇形围成的圆锥是直圆锥。

论点1 请找出下图中不是扇形的图形。

① 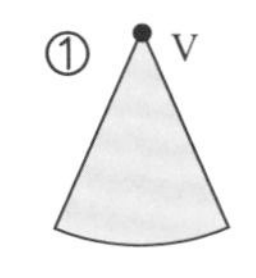

② 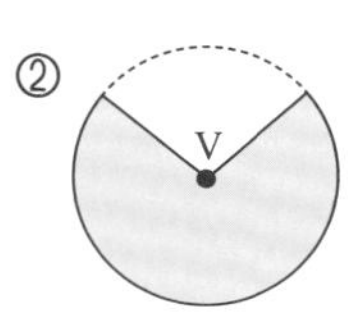

③ 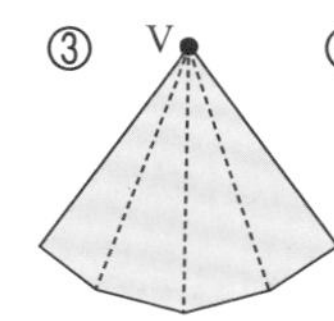

④ 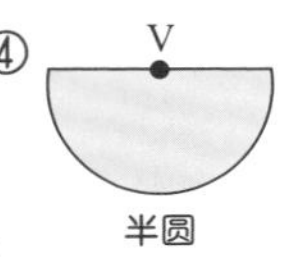

⑤ 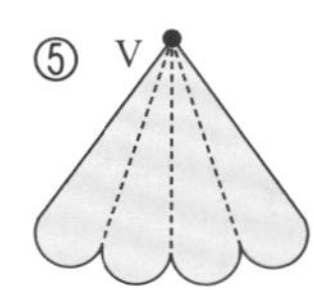

⑥ 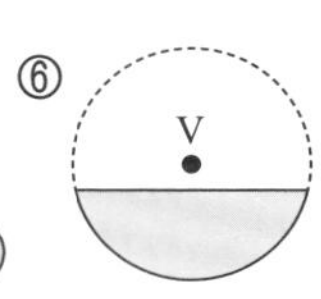

〈解答〉扇形（sector）是一个圆的两条半径 OA，OB 和两条半径之间的弧（arc）围成的平面图形。两条半径 OA 和 OB 将圆分成两部分，它们是中心角小于 180°（劣角）的黄色小扇形（minor sector）和中心角大于 180°（优角）的绿色大扇形（major sector）。小扇形是弧 APB 上的扇形，大扇形是弧 AQB 上的扇形。如果中心角

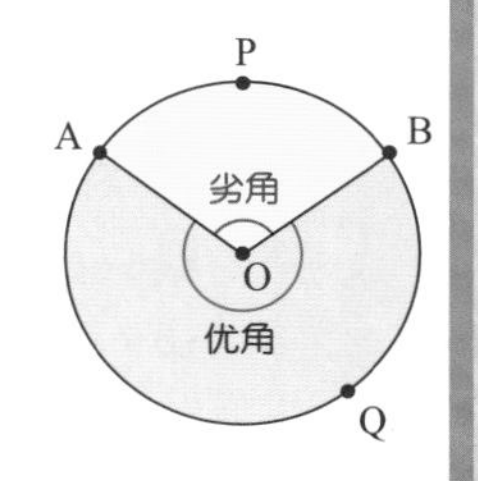

等于 180°，即 OA 和 OB 为一条直线时，形成两个相同的半圆。③是多角形，不是扇形。⑤的下面不是一条弧，所以不是扇形。⑥的直线部分不是由两条半径组成的，所以也不是扇形。⑥的样子叫作圆弓形（segment of circle, circular segment）。因此，③⑤⑥不是扇形。

论点2 前面的 论点1 中，中心角等于 180° 的扇形，即，如果用半圆制作圆锥，那么，请找出扇形半圆的半径 R（即，圆锥的母线长度）与底面圆的半径 r 之间的关系。

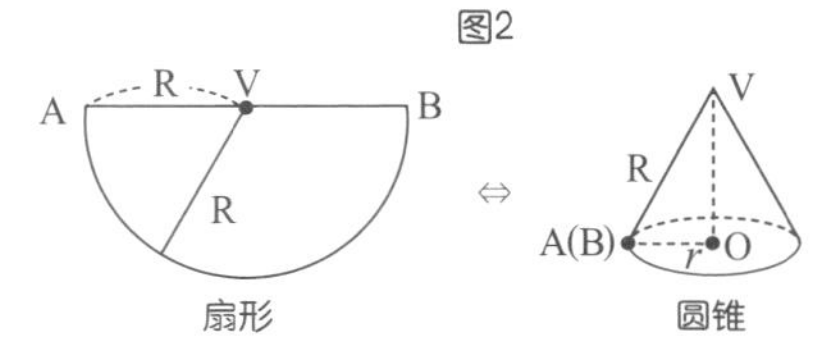

扇形　圆锥

〈解答〉如图 2 所示，半圆的半径等于 **R**，半圆的弧长等于 $\pi\times\mathbf{R}$。此时，弧长与底面的圆周长相同，因此，$\pi\times\mathbf{R}=2\times\pi\times r$，即，$\mathbf{R}=2\times r$ 关系式成立。图 2 的圆锥图片中，已知△ VAO 是直角三角形，斜边 **R** 等于底边 r 的 2 倍，所以，∠ VAO=60°。

论题1 圆锥 1 图中，从点 A 出发，围绕圆锥旋转一圈后，重新回到点 A，在这条线路中，请找出最短线路，并进行说明。另外，请说明圆锥 2 的最短路线有什么不同。

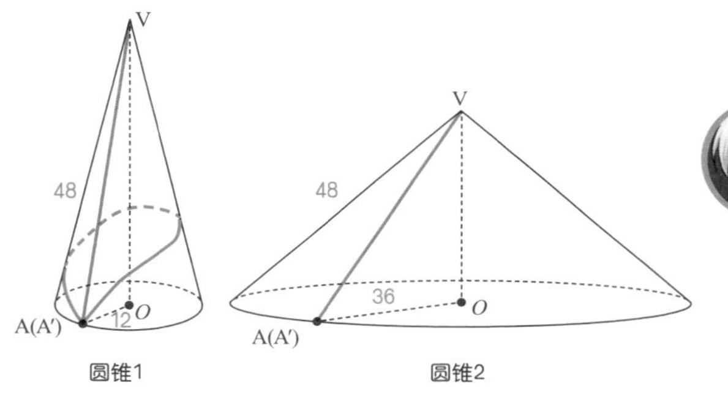

圆锥1　圆锥2

〈解答〉圆锥 1 的展开图中，红色直线是点 A 围绕侧面一圈重新回到原点的最短长度，即最短路线。

它的长度是 $48\times\sqrt{2}\approx67.9$。

因为扇形的半径等于 48，弧等于 $2\times12\times\pi$，所以扇形的中心角等于 90°。圆锥 1 的展开图中画着最短长度是红色路线，也是圆锥 1 图片的红色曲线，不是在点 A（A′）上形成曲线（椭圆），而是两条线交叉。实际上，画出圆锥 1 的展开图后，再折起来与圆锥 1 图片做对比就可以确认结果。仔细观察圆锥 2 的展开图，黄色部分是从下到上的方向，从点 A 到点 A′ 的最短路线只能是点 A →顶点 V →点 A′ 的路线。这个现象出现在圆锥展开后的扇形中心角大于 180° 的状态下。

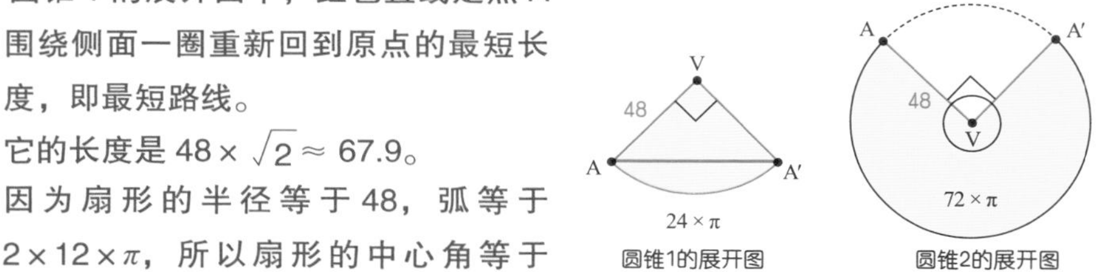

圆锥1的展开图　圆锥2的展开图

111 警卫队长

你要算什么?

我好像知道。

哆哆哥哥虽然在爸爸的审判中做了假证，不过，但真的帮了我们很多，我觉得是时候原谅他了。
哈哈
对，就是这样。真聪明!

圆锥分为直圆锥和斜圆锥，一般情况下，直圆锥就是指圆锥。

把手放进布袋里掏两颗围棋子，两颗棋子相同颜色的概率和不同颜色的概率是多少?

默西迪丝，你回答吧。

哗啦啦

当然是一半一半的概率了。

如果是两颗相同颜色的棋子，就意味着你永远都不可以原谅我，但是，如果是两颗不同颜色的棋子……

好，那你从布袋里掏出两颗棋子。
嗖

正确答案 ○

直圆锥的展开图是扇形。

太汗
概率不是一半一半吧。
为什么？

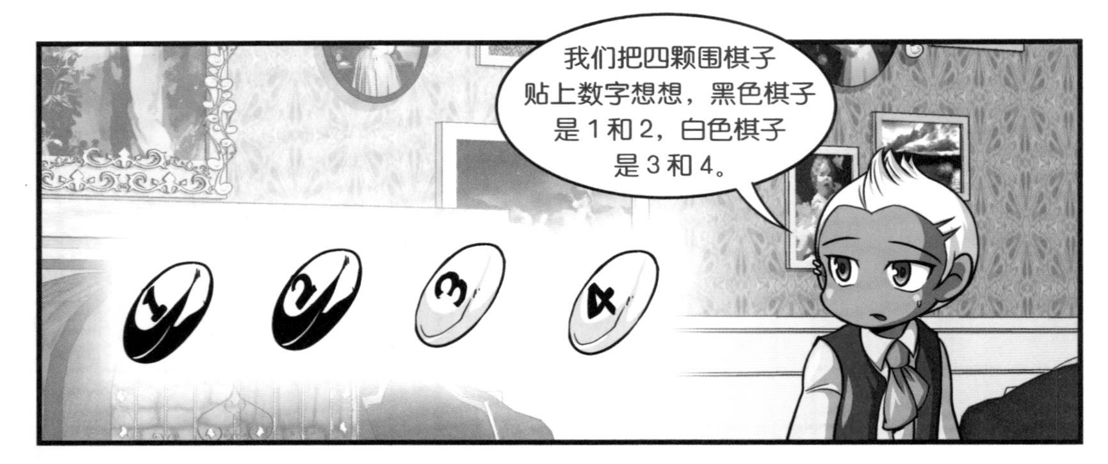
我们把四颗围棋子贴上数字想想，黑色棋子是 1 和 2，白色棋子是 3 和 4。
1
2
3
4

2 : 4
1 2, 3 4, 1 3
1 4, 2 3, 2 4
1 : 2的概率，颜色不同的概率更大。
如果掏出两颗棋子，应该是 1、2（黑黑），3、4（白白），1、3（黑白），1、4（黑白），2、3（黑白），2、4（黑白），所以，它们是 2 比 4，即概率是 1 ： 2，也就是颜色不同的概率更大。

正确答案 ○

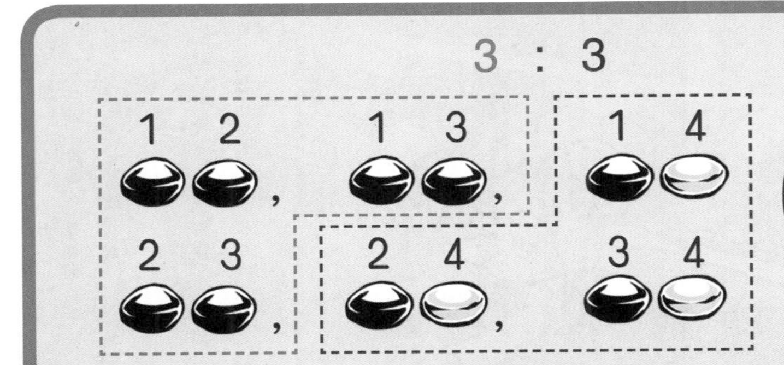

*耍心眼儿：使用心计；施展小聪明。

啪
嗒
呃
啪
啪
嚓

哆哆哥哥，如果你用这种方法，我也帮不了你。

嗒
嗒

圆锥的展开图中，扇形的一条半径是制作圆锥的（　　）。

你们爸爸的警卫队长住在这里？
是的，听说就在这附近。

别忘了坦克特的教训。
知道了。

可是，宝尔叔叔不一样！
别听他的！

猛然
宝尔叔叔绝对不会变！

他叫宝尔吗？

就是那个房子！
嗖

正确答案 母线

出现

谁啊?
嗖

直圆锥的母线长度等于10cm，底面圆的周长等于10cm，圆锥的侧面积等于（　　）。

正确答案 50cm²

嗖

怒视

*预感：某件事情发生之前本能地感觉到。

不知道利安侯爵是不是太有人情味儿，也许是个优秀的领导人。

我替爸爸向你道歉！

我爸爸真的非常善良*。他不喜欢争斗，但是，我不一样，我不仅要战斗，还要战胜俄尔塞伦！

*善良：心性好，仁慈。

帮帮我吧，宝尔叔叔！

唉

*同龄人：年龄相同或相近的人。

试验？
我有个好主意。

你和阿兰像男人
一样决斗吧！
惊

什么？

如果阿兰输
了，我们就
安静地离开。

但是，如果阿
兰赢了……

你就要发誓忠于
阿兰，成为小姐
弟的警卫队长！

哈
哈哈

这真是个除去讨人厌的
家伙的好方法。
嗖

3 连接四边形边的等分点制作图形

 图形　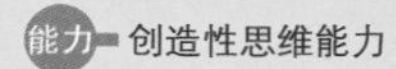 创造性思维能力

只有遇到问题时，主动地认真思考，才能好好解决数学问题。接受其他人的帮助或者看参考答案之前，必须有充分的多种角度思考的时间。只有先把数学知识和经验变成后盾，才能提高思维能力。

另外，解决基本问题后，将其简化，或者应用到另一个问题中，这对展开思维深度有很大帮助。换句话说，将学习数学知识（概念理解能力 / 数理计算能力）、数学思维（创造性思维）、制造相关新问题（原理应用能力）三方面结合在一起练习非常重要。熟悉这个过程，不仅可以提高数学能力，还是让人喜爱、享受数学的最有效方法之一。

现在，我们一起想一想最适合这种联系的例子。在这个例子中，我们可以看到按照每个阶段的顺序扩展思考范围和方向的过程。

〈I 阶段〉利用基本问题解决下面问题。连接图 1 中正方形 ABCD 各边的中点和顶点，形成新的图形样式。请求出正方形 ABCD 的面积与着色部分的面积之比。

答案是 1 : 5，我们可以通过下面的两张图片理解。

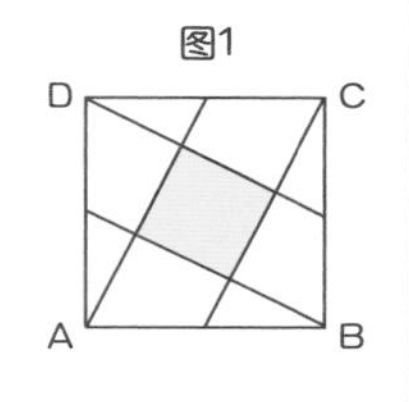

图1

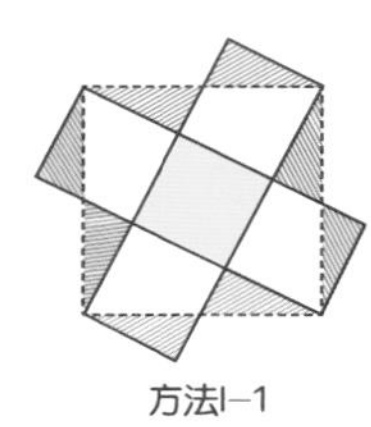
方法I–1

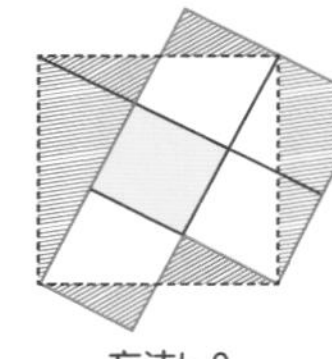
方法I–2

$$\frac{1}{5}=\frac{1}{2^2+1}=1:5$$

〈II 阶段〉改变上面〈I 阶段〉的基本问题，点不在边的$\frac{1}{2}$中点上，而是图 2 所示边的$\frac{1}{3}$位置上，连接这个点与顶点，求比例。

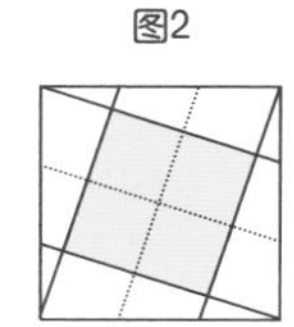
图2

使用〈I 阶段〉的方法 I–2，其比例如图 3 所示，$\frac{(3-1)^2}{3^2+1}=\frac{4}{10}=\frac{2}{5}=2:5$。

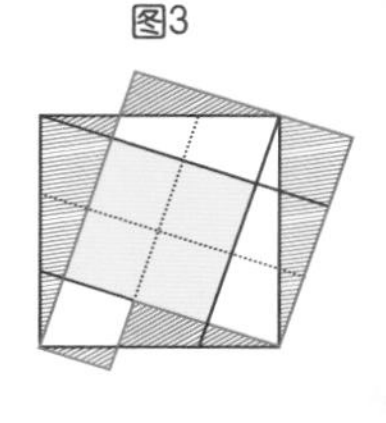
图3

〈参考〉图 3 告诉我们如何将大正方形即 9 个小正方形在保持面积不变的情况下，制作出 10 个相同的小正方形。这种方法叫“图形分割”。

〈III 阶段〉每条边 $\frac{1}{n}$ 处的点与顶点相连，在这种情况下，其比例是多少？

将〈II 阶段〉的方法一般化，可以求出其比例如图 4 所示，

$\frac{(n-1)^2}{n^2+1}=(n-1)^2:(n^2+1)$。

图4

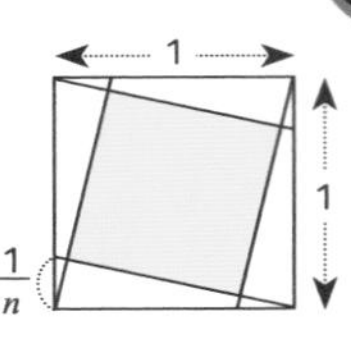

〈IV 阶段〉每条边 $\frac{2}{5}$ 处的点与顶点相连，在这种情况下，其比如图 5 所示 $\frac{(5-2)^2}{5^2+2^2}=9:29$。

图5

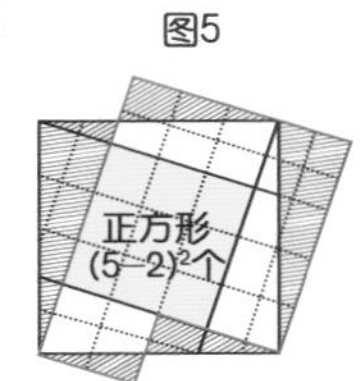

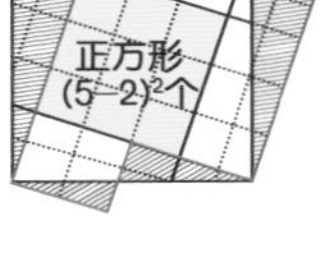

〈V 阶段〉每条边 $\frac{k}{n}$（$1\leqslant k<n$）处的点与定点相连时，其比例如下：

$\frac{(n-k)^2}{n^2+k^2}=(n-k)^2:(n^2+k^2)$。

〈VI 阶段〉横向 $\frac{1}{m}$ 处的点及竖向 $\frac{1}{n}$ 处的点与顶点相连时，其比例是多少？

图 6 是横向 $\frac{1}{5}$ 处的点与竖向 $\frac{1}{3}$ 处的点相连时的图片。

图6

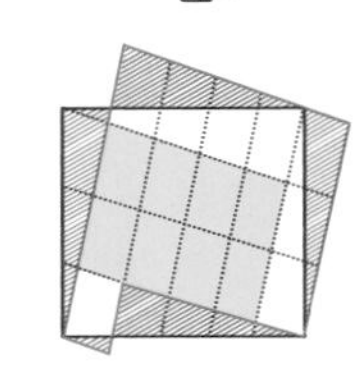

其比例为 $\frac{(5-1)\times(3-1)}{5\times3+1}=\frac{8}{16}=\frac{1}{2}=1:2$。

用相同方法解决，答案如下：

$\frac{(m-1)\times(n-1)}{m\times n+1}=(m-1)\times(n-1):(m\times n+1)$。

图7

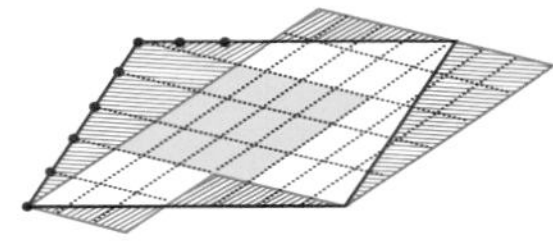

（横向 $\frac{3}{7}$ 处的点，竖向 $\frac{2}{5}$ 处的点）

论题1 **简化正方形，平行四边形中，横向 $\frac{k}{m}$（$1\leqslant k<m$）处的点及竖向 $\frac{l}{n}$（$1\leqslant l<n$）处的点与顶点相连，请求出面积之比的公式。**

〈解答〉如图 7 所示，继续简化〈VI 阶段〉可以得到以下公式：

$\frac{(m-k)\times(n-l)}{m\times n+k\times l}=(m-5)(n-l):(m\times n+k\times l)$

〈参考〉与小鸡下蛋不同，下图中，将左侧的小鸡裁成两块后，重新组合到一起变成鸡蛋。（山姆 · 洛伊德数学谜题）

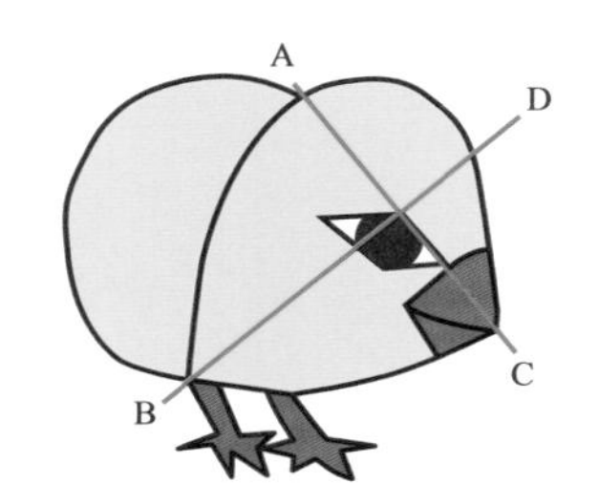

曲线AB和曲线CB对称

112 一无所有就是优点

你在做什么？！
宝尔叔叔是螺旋帝国武术大赛的冠军！
那都是往事了。

他现在都胖得不行了，能怎么样。

呃，难道我看错了吗？

那不是肥肉，是肌肉！

什么？

你说的像话吗？
姐姐，等一下！
哆哆嗦嗦

哆哆哥哥应该有他自己的想法。
我没什么想法。
你太相信他了！

我只是觉得，宝尔再强大，也有像眼屎那么小的弱点的，阿兰再弱也会有像眼屎那么小的优点的。

吵死了，你自己去挖眼屎吧！
猛然

怎么想我都没有眼
屎那么大的优点。
从出生到现在，我
从来没打过架。

是吗？那就没
办法了。

一无所有就是
优点，有才是
弱点！
嗖
你！

看来要抱头
挨打了！
你站住！
姐姐，忍住！
咯噔
咯噔

将正方形垂直放在地面上，按照与水平垂直的方向向地面照射，会形成长方形。

*致命处：身体的重要部位，受到一点儿小伤害也会危及到生命。

*全速：可以发挥出来的最大速度。

做得好，保持
这个速度！

嗒嗒嗒

大汗
淋淋

嗒
嗒

呼
呼

哆嗦

将正方形垂直放在地面上，不按照与水平面垂直的方向向地面斜射，会形成平行四边形。

当然要利用你的优点了。
我都说了，我没有优点！

是吗？

一无所有就是优点，对于我来说。♬
嗖

有优点就是弱点。♬
他到底在想什么啊？

正确答案 ○

如果宝尔叔叔和
阿兰打架……

宝尔叔叔应
该会让着阿
兰的！

嘿哈，嘿哈！
砰砰
砰砰
吼哈，
吼哈！

少爷，你长高了，
可是，你得再多吃
点才能长得更高。
知道了！
抚摸

是我多虑了。

我还是去给阿兰
做好吃的吧！
猛然

我做什么呢？
勒紧

长大个得吃蛋白质，那就做大豆吧！
啪

大豆在哪里来着？

大豆 900g

在这儿呢！

我用大豆做什么吃的呢？

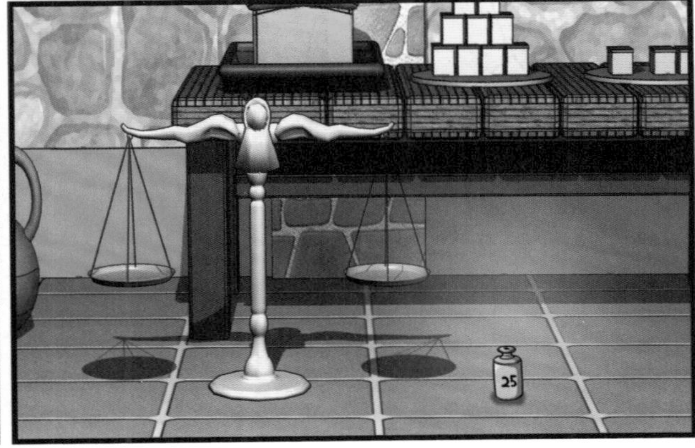

在面积不变，只改变形状的情况下，用直线将平面图形分成几块后，重新合在一起，叫作（　　）。

*砝码：用天平等称重工具称重时，代表重量标准的秤砣。在天平的一侧放砝码，另一侧放物品。

试试看啊？
嗯。

你正式求
我一次。
噗

知……知道了。
我做！
吣

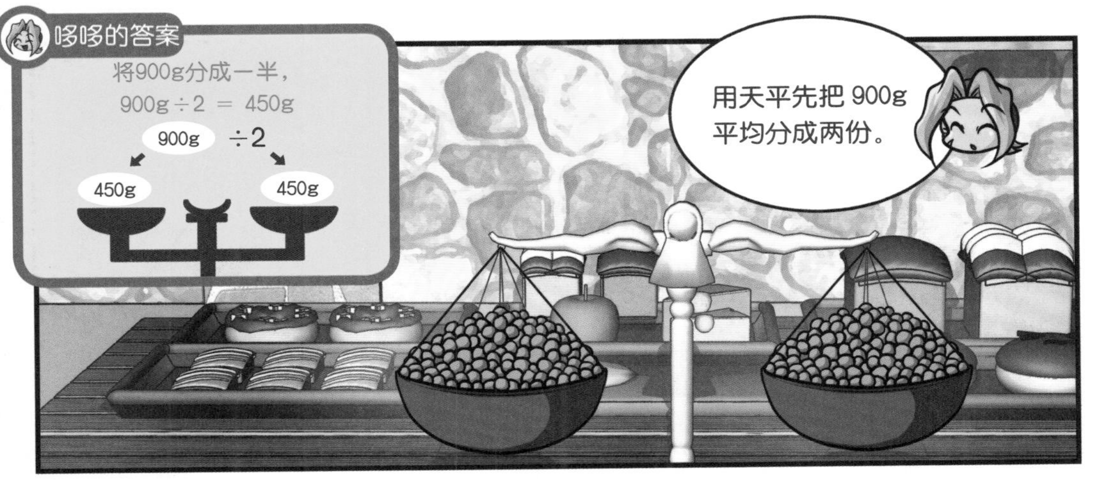
哆哆的答案
将900g分成一半，
900g ÷ 2 ＝ 450g
900g ÷2
450g
450g
用天平先把 900g
平均分成两份。

那么，一个盘子
上有 450g 大豆，
是吧？

哆哆的答案
将450g分成两份。
450g ÷ 2 ＝ 225g
450g ÷2
225g
225g
再次将 450g 平
均分成两份。

盘子上还剩下
225g，对吧？

把一侧盘子上的
大豆拿走。

把砝码放在上面。
25

然后逐渐减
少大豆。
嗖
直到让大豆和
砝码平衡。

将一个平面图形叠加在一起或者完全连接，
这种覆盖平面的行为叫（　　）。

嗖

我过分了吗?
认真思考

不，别忘了哆哆是害死爸爸的罪魁祸首!

如果我告诉他自己是从另一个平行世界来的哆哆，

她不会相信吧?

看来默西迪丝永远不会原谅我了。
低头

正确答案 镶嵌

几天后

输了就不要再
来找我。

是。

阿兰看起来
很紧张啊。

阿兰，别害怕！难道
宝尔叔叔会打你吗？

当然！我会打
到他骨折！
火辣辣
火辣辣

阿兰少爷现在也
应该明白了。

你不再是贵族娇惯的独子了！这个世界上没有人让你撒娇了。
猛然

他不是从前那个温柔的宝尔叔叔了。

就因为这样，我才说他是优秀的人才！

来吧！
嗖

啊啊啊啊
放马过来！

啊啊啊啊啊啊啊啊啊！

阿兰，怎么能闭上眼睛呢？！

扑哧

啊啊啊啊啊啊啊啊啊！
嗒嗒嗒嗒

连接三角形边的等分点制作图形

领域 数和规则性　　能力 创造性思维能力

我们在 81 页中学过，将正方形各边 n 等分的点和顶点相连形成内部小正方形，其面积是原正方形面积的几分之一。现在，我们一起了解一下三角形，因为要使用平方根和勾股定理，所以，一定要先了解中学数学的内容。我们一步一步地解决吧。

论点1 [图 1] 是正三角形 ABC 各边 $\frac{1}{3}$ 处的点与顶点相连后形成的图形。请说明△ PQR 是正三角形。

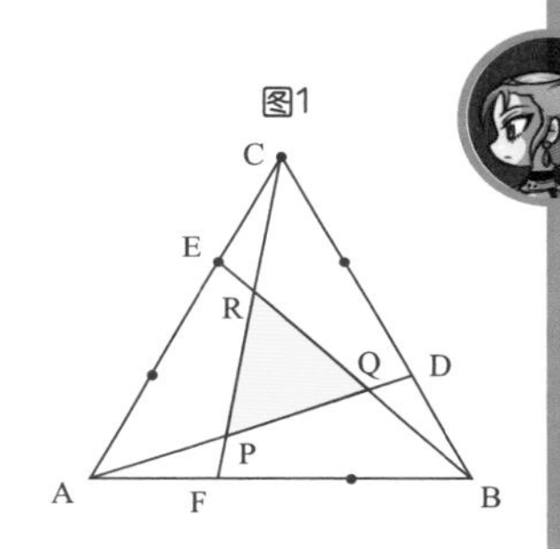

〈解答〉因为三个三角形△ ADB，△ BEC，△ CFA 全部全等（利用 SAS 全等证明），所以，AD = BE = CF。另外，因为△ APF，△ BQD，△ CRE 全等（SAS 全等），所以，AP = BQ = CR，PF = QD = RE。因此，PQ = QR = RP，△ PQR 是正三角形。

论题1 不计算，请证明图 1 中的△ ABC 的面积：△ PQR 的面积 =7 ： 1。

〈解答〉AB 的中点是 M，延长 PM 到点 P′，使 PM=MP′，如 [图 2] 所示，△ AMP 和△ MP′B 全等（SSS 全等）。在其他两个地方也一样。红线围成的部分的整体面积与△ ABC 相同。P′B = AP，已知 **论点1** 中的 AP = BQ，所以，P′B=QB，∠ QBP′ = 60°，△ BQP′ 是正三角形。另外，QP′ 经过 AB 的三等份 T 点。结果，△ P′BQ, △ PP′Q, △ PQR 全部全等。红线围成的整体面积与大正三角形 ABC 相同，是黄色三角形 PQR 的 7 倍，所以，求出比例为 7 ： 1。

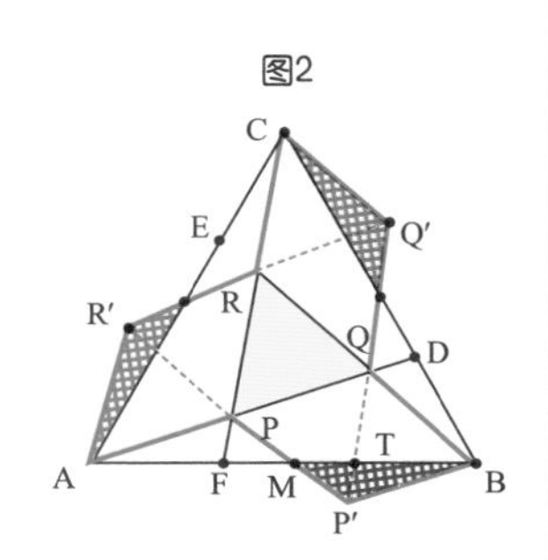

论题2 如右侧图 3 所示，将正三角形 ABC 每个边 n 等分的第一个点与每个顶点链接，形成三角形 PQR。△ ABC 和△ PQR 的面积比等于 $(n^2-n+1):(n-2)^2$，请证明这个等式。

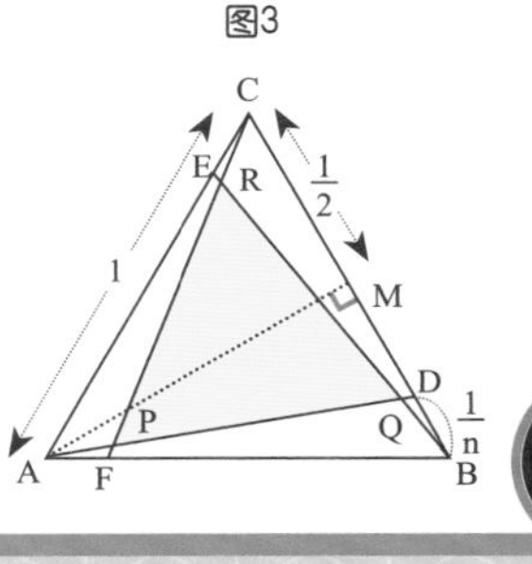

〈解答〉这个问题简化了 **论题1** 中的问题。

先证明△ PQR是正三角形，以及△ BDQ和△ ADB相似。

BC 的中点是 M。

正三角形 ABC 的边长等于 1，根据直角三角形勾股定理，直角三角形 ABM 中，

AM= △ ABC 的高 $=\frac{\sqrt{3}}{2}$，△ ABC 的面积等于 $\frac{\sqrt{3}}{4}$。

另外，直三角形 ADM 中，

因为 $AD=\sqrt{DM^2+AM^2}=\sqrt{(\frac{1}{2}-\frac{1}{n})^2+(\frac{\sqrt{3}}{2})^2}=\sqrt{\frac{(n-2)^2}{4n^2}+\frac{3}{4}}=\sqrt{\frac{(n-2)^2+3n^2}{4n^2}}$

$=\sqrt{\frac{4n^2-4n+4}{4n^2}}=\frac{\sqrt{n^2-n+1}}{n}$，

△ BDQ ~ △ ADB，BD ： AD $=\frac{1}{n}:\frac{\sqrt{n^2-n+1}}{n}$。

所以，其面积比是 $(\frac{1}{n})^2:(\frac{\sqrt{n^2-n+1}}{n})^2=\frac{1}{n^2}:\frac{n^2-n+1}{n^2}=1:n^2-n+1$。

如果△ BDQ 的面积等于 S，△ ADB 的面积等于 $(n^2-n+1)\times S$，那么，△ AQB 的面积 $=(n^2-n+1)\times S-S=(n^2-n)\times S=n(n-1)\times S$。

△ ADB 的底边 BD 为 $\frac{1}{n}$，高为 $\frac{\sqrt{3}}{2}$，因此，实际面积是 $\frac{1}{n}\times\frac{\sqrt{3}}{2}\times\frac{1}{2}=\frac{\sqrt{3}}{4n}$。由 $(n^2-n+1)\times S=\frac{\sqrt{3}}{4n}$ 可知，$S=\frac{\sqrt{3}}{4n(n^2-n+1)}$。

由此可知，△ AQB 的面积 $=n(n-1)\times S=\frac{\sqrt{3}n(n-1)}{4n(n^2-n+1)}=\frac{\sqrt{3}n(n-1)}{4(n^2-n+1)}$。

因为△ AQB，△ BRC，△ CPA 全等，所以，△ PQR 的面积 = △ ABC 的面积 −3 × △ AQB 的面积

$=\frac{\sqrt{3}}{4}-3\times\frac{\sqrt{3}(n-1)}{4(n^2-n+1)}=\frac{\sqrt{3}}{4(n^2-n+1)}\times(n^2-n+1-3n+3)$

$=\frac{\sqrt{3}}{4(n^2-n+1)}\times(n^2-4n+4)=\frac{\sqrt{3}(n-2)^2}{4(n^2-n+1)}$。

所以，两个三角形的面积比如下，

△ ABC 的面积 : △ PQR 的面积 $=\frac{\sqrt{3}}{4}:\frac{\sqrt{3}(n-2)^2}{4(n^2-n+1)}=(n^2-n+1):(n-2)^2$。

〈参考〉 将图 1、图 2、图 3 按照一个方向立起来，形成不等边三角形（三边各自不等的三角形），上面的公式在这个三角形中也成立。由下图中可以确定。

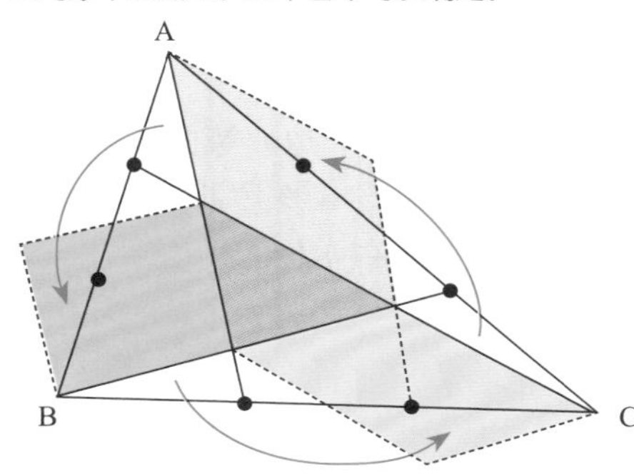

113 哆哆，离开了

稍稍
啊呀啊啊

嗒

啊！

咣当

怎么可以
打腿呢？

怎么可以？
打架的目的
是赢。

猛然

呀呀啊啊啊啊！
嗒嗒嗒嗒

阿兰，拜托你
睁开眼睛！

嗖

啪

哐当

呼
呼

默西迪丝！
停下来！

忽然停住

你想让阿兰一
辈子都娇生惯
养吗？

如果两个三角形边角边（SAS）相等，对应边的
边长及夹角相等，那么，两个三角形全等。

正确答案 ○

惊讶

咣当

呼
呼
呼

阿兰……

我昨天想了一夜哆哆哥哥说的话，想自己有什么优点呢？

*疏忽大意：注意力不集中，粗心。

两个三角形是 SAS（边角边）相似三角形，当对应的两边之比，及夹角相等时，两个三角形是相似图形。

正确答案 ○

当务之急……

必须雇佣士兵，
扩充兵力。

我们有很多钱，
足够雇佣最强的
士兵。
不是那么简单的。

哪有人愿意为
叛逆者效力？

的确如此啊。

但是，你别太担心。帝国到处都有痛恨俄尔塞伦家族的蛮族。

蛮族痛恨他们？

俄尔塞伦家族为了拓宽领土，掠夺了很多少数民族的家园，镇压了他们。

他们只会越来越憎恨俄尔塞伦家族。
我们在那些人中雇佣士兵就可以了！

这件事情就交给警卫队长了。
是，少爷。

我准备好就出发。我要聚集各地的佣兵，大概需要花费一年时间。
1年？

时间太久了吧，万一这段时间俄尔塞伦家族攻击我们怎么办？
大汗

现在没有别的办法了，我们只能听天由命了。

等一下！在这之前，我们有件事情需要处理。

是关于哆哆的！

警卫队长也听说了吧？哆哆是什么样的人。
是的，我听少爷说了。

他对侯爵犯下不可饶恕的错误，后来将功赎罪，变成我们的人了。
不是！

我不可能和爸爸的仇人变成一伙儿！

哐

两个图形的相似比是 $m:n$，那么，两个图形的面积比是（　　）。

正确答案 $m^2:n^2$

这段时间谢谢你了，阿兰。
抚摸
哆哆哥哥！

宝尔警卫队长，阿兰和默西迪丝就交给你了。

抽泣

利安姐弟真的还
活着吗?
是的，皇后娘娘。

边长等于 2 的正三角形的面积是（　　）。

你说利安姐
弟还活着?

是的！他们组成
了欺诈三人组，
活得非常好！

三人组?

是的，那个头目叫
哆哆。他太会耍心
机了，单纯的我没
办法对付他。
呜
呜

果然。

请您做主帮我找
回失去的财产。
呜
呜

正确答案 $\sqrt{3}$

那些财产不是利
安侯爵交给你保
管的吗？

当……当然是，
不过……
大汗

我跑来举报他们，那
些财产就当作奖赏赏
赐给我吧。

举报叛逆者有功，
当然要奖励了。
真的非常感谢！

俄尔塞伦公爵，
给这个人发个
奖状吧。

*附加奖励：与原奖励捆绑的奖金或奖品。

挪用叛逆者利安的财产属于叛逆罪吧？
嘻嘻

是的。

应该怎么惩罚？

用柳条鞭打1000下。
就那么执行吧！

为什么不可以？既然有奖，当然有罚。

哐
不……不可以这样。

我不要奖，也
不要罚！
拖
拉

哥哥，我说
什么了？

他绝对不
是我们知道的
那个哆哆。

我现在也怀疑哆
哆的身份了，不
过，似乎没有机
会确认了。

嘻嘻
因为哆哆马上就
要命丧黄泉了！

你已经采取
措施*了吗?

嘀嘀
咕咕

*措施：掌握事态，建立对策。

我的天啊！你这不是用
牛刀杀鸡吗?
的确有点儿夸张，
不过，这是最保
险的方法。

已经失败了几次，
我都烦了。

好可惜。我还想
确认一下哆哆的
真正身份呢。

火辣辣
火辣辣
这回，不管怎么样，一定要把他们除掉。

他们与禽兽没什么区别！
咯噔
咯噔

5 最小长度（3）

能力 创造性思维能力

提示文

：直到现在，我们已经第三次提到“最小长度”了。如图 1 所示，将正方体水泥柱横放在地面上，蚂蚁想到对面吃东西，在这种情况下，蚂蚁到食物的最短距离是哪段呢？

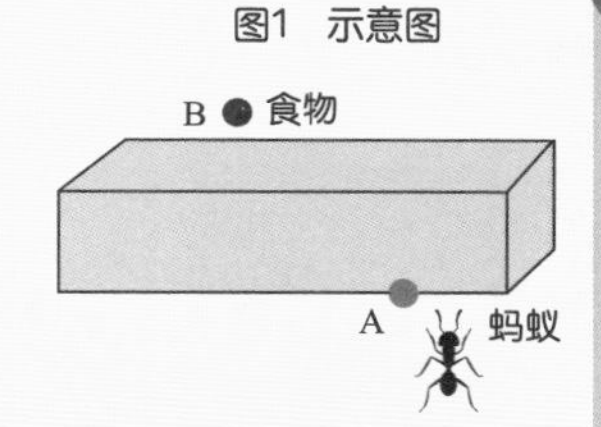

：乍一看，似乎从左侧绕过去更近。

：阿兰，你不可以乍一看就做出结论！一共有三条路，分别是从左侧绕行的路、从右侧绕行的路、在柱子上翻过去的路，必须准确地计算出每条路的距离，然后才能找到最短路径。

：是的，哆哆说得对！那么，我们测量一下必须知道的长度，然后找出最短路径吧。

：等一下，老师！蚂蚁不是可以挖地吗？那么，它可以挖水泥，从 A 点直线穿到 B 点，这不就是最短路径吗？

：这真是突发奇想的答案啊！但是，如果是那种前提，这个问题就没有意义了，那么，我们假设蚂蚁无法穿过柱子，也无法挖地。

论点1 给上面提示文中的问题赋值，如下图所示。

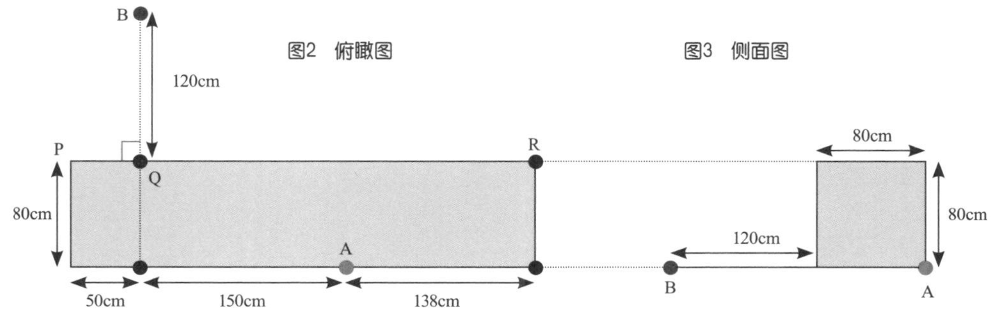

（1）从 A 点出发，绕左侧到达 B 点，请求出这条路径的最短距离。

（2）从 A 点出发，绕右侧到达 B 点，请求出这条路径的最短距离。

〈解答〉（1）沿水泥柱壁向左侧绕行至点 P，直角三角形 BPQ 的斜边 PB 是最短路径。直角三角形 BPQ 中，PQ = 50cm，BQ = 120cm，因此，可以用计算器求出 PB 的长度。

$PB=\sqrt{50^2+120^2}=\sqrt{2500+14400}==\sqrt{130^2}=130(cm)$，因此，整体路径的长度是 150 + 50 + 80 + 130 = 410(cm)。

（2）用计算器求出直角三角形 BQR 的斜边 BR 的长度。

$\overline{BR}=\sqrt{120^2+288^2}=\sqrt{97344}=\sqrt{312^2}=312(cm)$。

因此，整体路径长度是 138 + 80 + 312 = 530(cm)。

论题1 请找出翻过水泥柱的最短距离，并求出长度。请证明这条路径比 **论点1** 的两条路径短。

图4

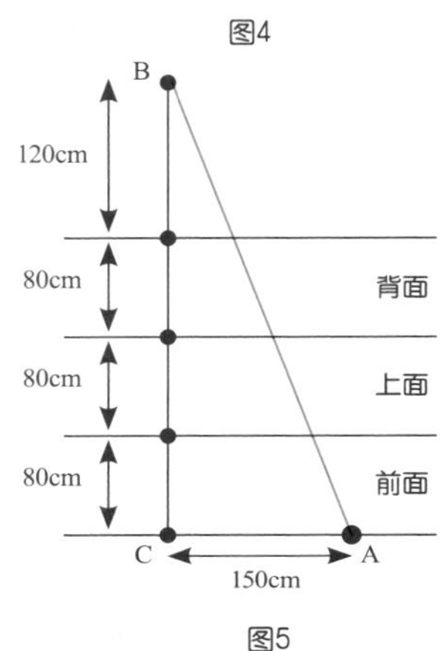

〈解答〉必须经过柱子的三个面才可以，如右侧图 4 的展开图所示。

直三角形 BCA 的 AB 长度如下：

$AB^2=BC^2+CA^2=360^2+150^2$

$AB^2=\sqrt{152100}=390(cm)$。

因此，翻过水泥柱的路径是最短距离。

图 5 的红线是蚂蚁翻过水泥柱的路径。

图5

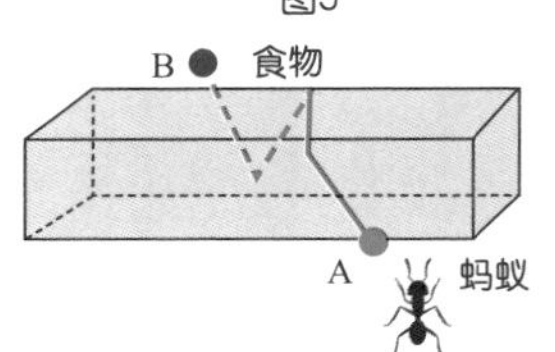

应用问题① 如右图所示，长 3*m*，宽 2*m* 的长方体柱子上有一条水槽。请求出没有水的时候，蚂蚁从 A 点到 B 点的最短距离。

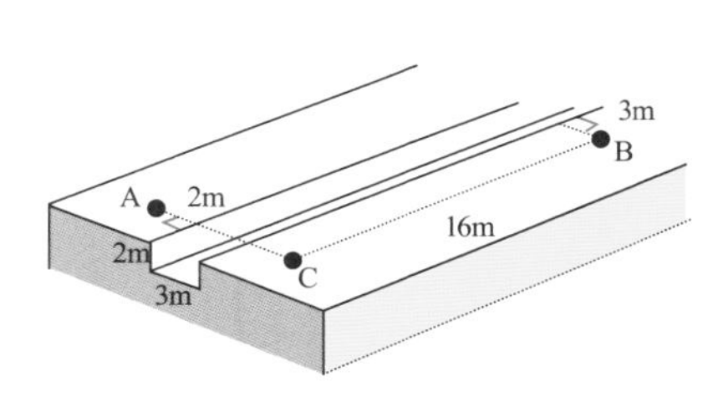

〈解答〉利用展开图解答，如下图所示，最短路径是直三角形 ACB 的斜边 AB。

因此，$AB=\sqrt{12^2+16^2}=\sqrt{400}=20$，最短距离是 20m。

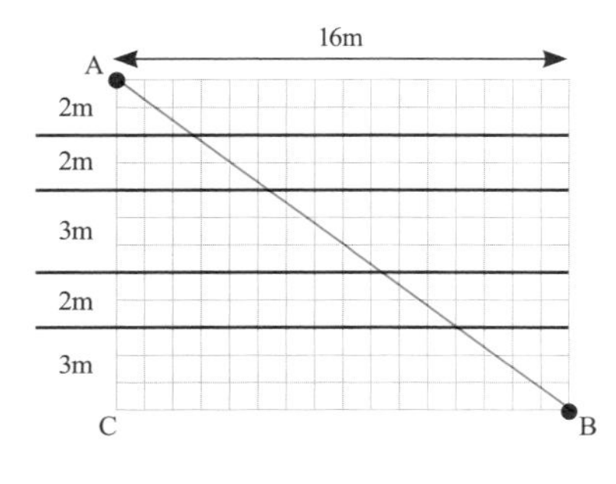

114 蛮族的突袭

呜
呜

哆哆哥哥！
嗒嗒嗒

嗖

别哭，阿兰！

没有哆哆哥哥在身边，我没有信心。

不会的，没有我，你也能成为优秀的领导人！

坐下来。

嗖

三角形的两边长度之和大于其余一边，对吧？

是的。

你知道为什么吗?
就是那么规定的，理所当然。
哈哈

这是什么话?!

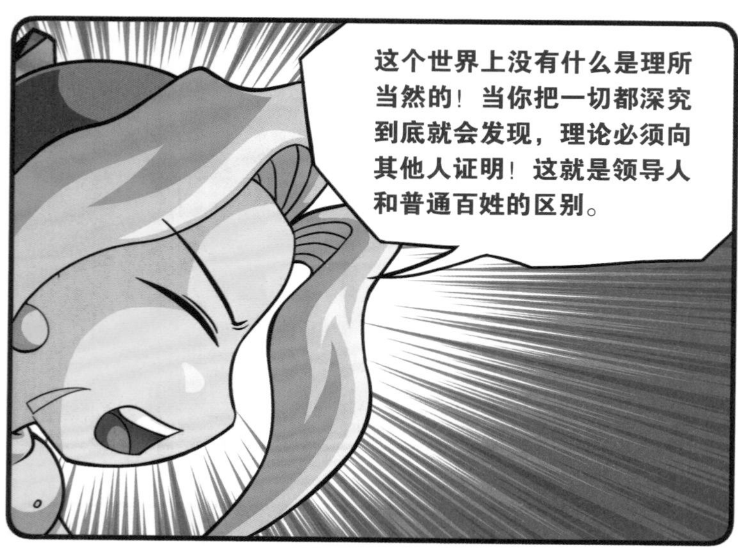
这个世界上没有什么是理所当然的！当你把一切都深究到底就会发现，理论必须向其他人证明！这就是领导人和普通百姓的区别。

!

是。

那我走了。
咯噔
咯噔

阿兰这家伙，他知道
答案了吗？

解开了！

嗖

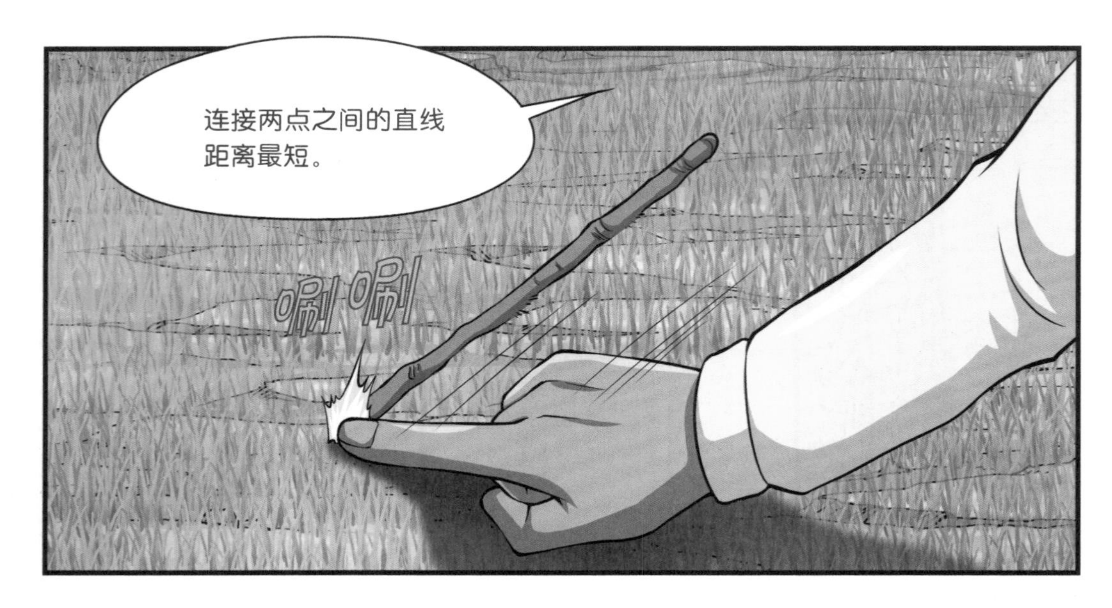
连接两点之间的直线
距离最短。
唰唰

所以，所有曲线……
嗒

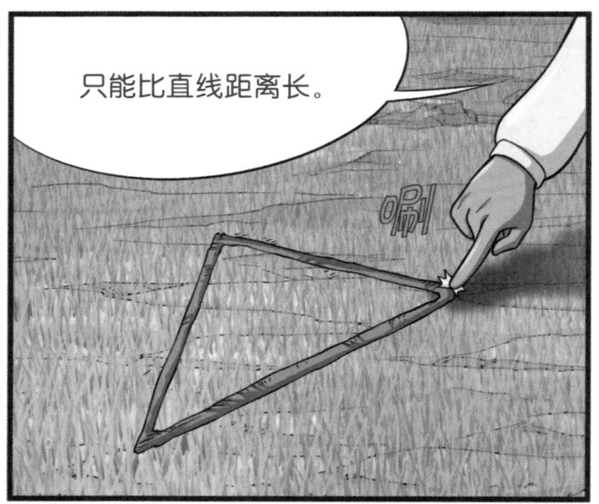
只能比直线距离长。
唰

知道答案了，可是还是
很想哆哆哥哥。
抽泣

一个圆的圆周上有两个点，两点之间的最长长度是两点在直径的两端。

正确答案 ○

这些家伙是谁?
大汗

嗖
嗒

停住

目标就在眼前，暂时休息，等待天黑!

目标?

呼
呼
呼

族长，你真的和俄尔塞伦公爵约定好了吧？

三角形的三边长度为a，b，c，内接圆的半径是r，此时，三角形的面积等于$\frac{1}{2}\times r(a+b+c)$。

正确答案 ○

咔嚓
呼嗒嗒

猛然
呼嗒嗒
呼嗒嗒

哆哆哥哥！

你们知道面具族吗？

利安树林里生活的部族。自古以来跟我们家族的关系都很好。不过，最近听说俄尔塞伦正在驱逐他们。

为什么突然问面具族？
歪头

他们想除掉你们，正在往这边来！

哐

什么？！面具族为什么想除掉我们……

他们好像和俄尔塞伦做了交易，除掉你们就可以在利安树林里生活下去了。

夹角为直角的两条边长分别为 5 和 12，那么，
这个直角三角形的斜边等于（　　）。

怎么办啊？
没有胜算*，我们必须立刻躲起来！

不可以那么做！
猛然

*胜算：胜利的可能性。

丢掉利安住宅逃跑等于放弃利安树林主人的身份，绝对不能那么做。

虽然如此……

少爷说得对，是我错了。
低头

可是，如果战斗开始了，我们会全军覆没*的。我们得一起做好心理准备！

与其逃跑，不如选择朝他们走去！
握紧

*全军覆没：全部死亡，消失。

两个小时后太阳就落山了，如果决定战斗，就必须马上行动了！
哆哆哥哥，我们怎么做才好？

在院子里挖陷阱，放捕兽器怎么样？

爸爸特别珍惜院子里的草坪。为了应对干旱，爸爸还特意安置了喷水装置。
现在是珍惜草坪的时候吗？
呀
呀

陷阱和捕兽器都没用，面具族擅长打猎，他们是设置陷阱和捕兽器的专家。

这样啊。

垂头丧气

那么，还有一个办法！
猛然

一闪 一闪

先吃饭吧！饱死鬼不是比饿死鬼好看吗？

大直角三角形（直角边4、3）的面积等于（　　）。

正确答案 $\frac{50}{3}$

俄尔塞伦公爵指示，杀光所有人，烧毁房子！

准备

突击！
嗒嗒嗒嗒

啊啊啊啊

猛然

停住

嘻嘻

笑?

姐姐，打开
喷水装置！

唰唰唰
唰啊啊啊啊啊

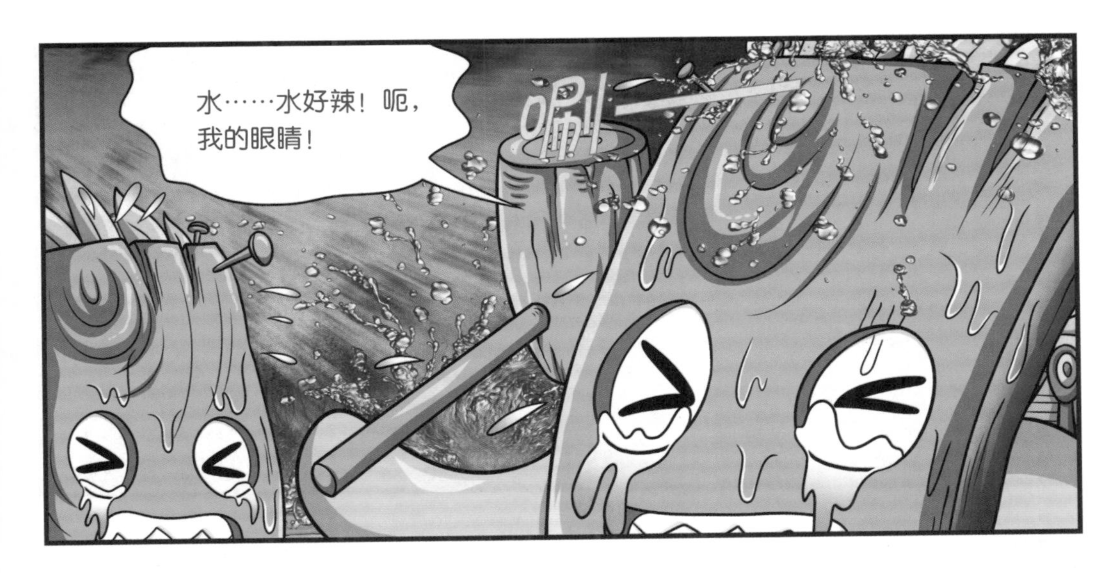
水……水好辣！呃，
我的眼睛！
唰

族长，我睁不开
眼睛了！
呃呃
我想摘掉面具！

唰
不行！面具是我们
面具族的象征！绝
对不可以摘掉！

嗒嗒嗒嗒

敌人跑来了，准备迎战！
得看得见才能迎战啊！

嗒

啪

铛

第二天

所有人都绑起来关在仓库里了。
辛苦了。

石头面具族长，你认识我吗？

利安家族的阿兰少爷，我当然认识。

利安家族和面具族是世交，我以后也想延续这种友好关系。

不可能。

面具族不能违背俄尔塞伦的指示。

可耻的家伙，你怎么那么理直气壮？你们世世代代接受利安家族的恩惠，却要与他们刀戈相见，你这个叛徒！

我不再做什么卑劣的狡辩了，快点儿杀了我吧！
在这个家伙服服帖帖之前，我们先喝这个吧！这是刚才喷水装置里的辣汁。
嗖

你开什么玩笑？
不是很可惜吗？你们的爸爸非常喜欢辣的食物，所以买了很多……
啪

惊讶
把族长和面具族的战士们都放了吧！

阿兰，我会帮你的！

敬请期待《冒险岛数学奇遇记》第50册！

ISBN 978-7-5108-4302-0

- 一套适合孩子的手绘创意填色大书，点燃孩子的艺术创想
- 精彩呈现鸟类、蝶类、雨林生物、林地动物的形态特征，自然发烧友爱不释手的科普图书
- 新西兰人气插画师珍妮库伯精心描绘，近100种生物，送给自然爱好者的一份自然礼赞
- 休闲时光、轻松减压，胶版印刷，自然环保，携带方便
- 国内众专家团队历时两年权威审核，科学严谨，一遍看不够
- 北京自然博物馆、国家动物博物馆倾情推荐

这是一套融合了知识性和趣味性为一体的创意填色书。新西兰人气插画师珍妮库伯精心绘制了鸟类、蝶类、热带雨林、海底世界等近百种生物，从绚烂的海底生命到美丽多姿的蝴蝶，从热带雨林到神秘的林地景观，从动物到植物……让热爱自然的孩子爱上画画，让热爱画画的孩子爱上自然。科普+认知+涂色+创新，艺术美感和思维训练，一举多得。

畅销经典

全系列共 6 册

定价：80.00 元

自然科学童话（新版）

- 畅销15年，加印30余次，倍受父母们喜爱的童书礼品套装
- 韩国环境部选定优秀图书
- 朝鲜日报青少年部指定优秀图书
- 自然科学知识和童话故事的完美结合。讲述生命、爱、互助的主题时，同时让孩子学到受用终生的自然科学知识
- 亲子阅读，互动性强。让家长不再苦恼如何让孩子快乐的掌握自然科学知识

美丽的大自然中有很多很多种动物和植物，每一种动物和植物都有自己独特的生活习性和智慧。这个世界上的每个角落里每天都在发生各种各样的事情。让我们跟随这一套有趣的童话故事，去神秘的大自然世界中探险吧。

本系列共12册，每册都有3个章节来介绍不同的昆虫或者植物，有故事情节的精致设计、科学知识点的详细介绍、针对性问题的引导提出、准确答案的巧妙提供，使读者能在愉悦的氛围中，有趣的情节安排下，探索科学知识和正确问题答案。

畅销经典

全系列共 12 册

定价：198.00 元

畅销经典

全系列共 3 册
定价：55.00 元

岩崎千弘绘本经典系列

- 岩崎千弘——彭懿最喜欢的画家、《窗边的小豆豆》的插图作者
- “凝视孩子心灵”的日本童画家岩崎千弘绘本经典作品
- 日本经久不衰的长销绘本
- 充满诗意与梦幻的淡雅水彩画完美呈现
- 家喻户晓的安徒生童话与美丽古老的意大利神话交相辉映

岩崎千弘绘本经典系列共三本书，分别为《人鱼公主》、《红舞鞋》、《彩虹湖》。其中，《人鱼公主》和《红舞鞋》是家喻户晓的安徒生童话；《彩虹湖》是美丽古老的意大利民间故事。《人鱼公主》讲述的是美丽的人鱼公主变成了泡沫的故事。《红舞鞋》讲述的是穿着红舞鞋只能不停跳舞的小女孩的神奇而哀伤的故事。《彩虹湖》讲述的是魔法师与水精欧蒂娜的斗智斗勇故事。经典的童话故事，配上作者洗练的文字、绘者充满诗意与梦幻的淡雅水彩画，让读者领略到三重魅力。